"十二五"国家重点图书出版规划项目

数学文化小丛书

李大潜　主编

探秘古希腊数学

Tanmi Guxila Shuxue

王能超

U0151441

高等教育出版社·北京

图书在版编目（CIP）数据

探秘古希腊数学／王能超编．－－北京：高等教育出版社，2016.3（2023.4重印）

（数学文化小丛书／李大潜主编．第3辑）

ISBN 978-7-04-044728-6

Ⅰ.①探… Ⅱ.①王… Ⅲ.①古典数学－古希腊－普及读物 Ⅳ.① O1-49

中国版本图书馆 CIP 数据核字（2016）第 019916 号

项目策划　李艳馥　李　蕊

策划编辑　李　蕊	责任编辑　李艳馥	封面设计　张　楠
版式设计　童　丹	插图绘制　杜晓丹	责任校对　刁丽丽
责任印制　存　怡		

出版发行	高等教育出版社	网　　址	http://www.hep.edu.cn
社　　址	北京市西城区德外大街 4 号		http://www.hep.com.cn
邮政编码	100120	网上订购	http://www.hepmall.com.cn
印　　刷	中煤（北京）印务有限公司		http://www.hepmall.com
开　　本	787mm×960mm　1/32		http://www.hepmall.cn
印　　张	1.75		
字　　数	32 千字	版　　次	2016 年 3 月第 1 版
购书热线	010-58581118	印　　次	2023 年 4 月第 8 次印刷
咨询电话	400-810-0598	定　　价	6.00 元

本书如有缺页、倒页、脱页等质量问题，请到所购图书销售部门联系调换

版权所有　侵权必究

物 料 号　44728-00

数学文化小丛书编委会

数学文化小丛书总序

整个数学的发展史是和人类物质文明和精神文明的发展史交融在一起的。数学不仅是一种精确的语言和工具、一门博大精深并应用广泛的科学，而且更是一种先进的文化。它在人类文明的进程中一直起着积极的推动作用，是人类文明的一个重要支柱。

要学好数学，不等于拼命做习题、背公式，而是要着重领会数学的思想方法和精神实质，了解数学在人类文明发展中所起的关键作用，自觉地接受数学文化的熏陶。只有这样，才能从根本上体现素质教育的要求，并为全民族思想文化素质的提高夯实基础。

鉴于目前充分认识到这一点的人还不多，更远未引起各方面足够的重视，很有必要在较大的范围内大力进行宣传、引导工作。本丛书正是在这样的背景下，本着弘扬和普及数学文化的宗旨而编辑出版的。

为了使包括中学生在内的广大读者都能有所收益，本丛书将着力精选那些对人类文明的发展起过重要作用、在深化人类对世界的认识或推动人类对世界的改造方面有某种里程碑意义的主题，由学有专长的学者执笔,抓住主要的线索和本质的内容,由浅入深并简明生动地向读者介绍数学文化的丰富内涵、数学文化史诗中一些重要的篇章以及古今中外一些著名数学家的优秀品质及历史功绩等内容。每个专题篇幅不长,并相对独立,以易于阅读、便于携带且尽可能降低书价为原则,有的专题单独成册,有些专题则联合成册。

希望广大读者能通过阅读这套丛书,走近数学、品味数学和理解数学,充分感受数学文化的魅力和作用,进一步打开视野、启迪心智,在今后的学习与工作中取得更出色的成绩。

李大潜

2005 年 12 月

目　　录

引论　三星高照古希腊

世界数学史对古希腊数学竭尽赞美之能事. 美国数学家克莱因 (M.Kline, 1908—1992) 的《古今数学思想》被誉为 "古今最好的一本数学史". 该书强调:

"古希腊人在文明史上首屈一指, 在数学上至高无上".

(一)

在至高无上的古希腊数学中, 声望最高的数学家首推欧几里得 (Euclid, 公元前 330 — 前 275).

据说, 欧几里得是位温良敦厚的教育家, 颇受学生敬重. 然而, 作为一个数学家, 评价欧几里得除了他的学风和人品以外, 更重要的是他的学术成就. 欧几里得编写了一部划时代的鸿篇巨著《几何原本》. 特别引人注目的是, 这本书独创了一种新方法, 一种被称为**公理化体系**的陈述方法. 在这本书中, 作为预备知识, 欧几里得先对有关的数学概念给出了明确的定义, 并精心挑选了几条 "不证自明" 的公理,然后运用逻辑推理方法, 有条不紊地、由简到繁地证明了近五百个重要的几何定理. 这些定理几乎涵盖了古希腊几何学的全部成果. 欧几里得因此被尊为"几何学之父".

(二)

继欧几里得之后, 古希腊又涌现出一位大数学家阿基米德 (Archimedes, 公元前 287— 前 212).

阿基米德有许多故事, 其中流传最广的是关于检测皇冠的传说.

一次为了检测皇冠的含金量, 阿基米德整天冥思苦想, 终于在洗澡时触发了灵感. 当他感悟到浮力原理后竟光着身子跑到大街上狂叫:"尤里卡! 尤里卡!"尤里卡是希腊语"我发现了"的意思.

阿基米德有惊人的创造力. 他将高超的计算技巧与严谨的数学论证融为一体, 取得了许多常人难以想象的成就. 阿基米德被后世尊为"古代数学之神".

阿基米德重大数学成就之一是, 他用**穷竭法**计算了一些曲边图形所围成的面积. 穷竭法的处理步骤酷似微积分方法, 只是缺少极限思想, 因此人们惊呼, 在早于牛顿两千年之前, 阿基米德已经走到了微积分的大门口.

(三)

在古希腊数学家中, 欧几里得与阿基米德成就辉煌, 但不能因此轻视 "祖师爷" 毕达哥拉斯 (Pythagoras, 约公元前 580 — 约前 500) 学派的功绩.

我们特别关注毕达哥拉斯, 基于如下三点考虑:

第一, 毕达哥拉斯学派是个集哲学、学术与宗教三位一体的秘密组织. 这个组织的活动不对外界公开. 他们规定学派一切学术成果全都归功于首领, 因此人们有时将毕达哥拉斯 "个人" 与 "学派" 混为一谈. 这个学派没有留下学术资料. 人们只能依据有限的旁证史料揭开其神秘的面纱, 因而研究的难度大.

第二, 毕达哥拉斯学派是古希腊数学的 "开山祖师", 他们的研究工作是古希腊数学的源头. 数学史明确地肯定:

"毕达哥拉斯学派创立了纯数学, 把它变成一门高尚的艺术."

第三, 毕达哥拉斯学派的研究成果, 以及他们所获得的一些数学瑰宝, 都是中学数学的核心内容. 探究这些数学成果的内涵与实质, 对于中学数学教学具有启迪与指导意义.

可见, 研究毕达哥拉斯学派的现实意义重大.

人们自然好奇, 在两千五百年前, 毕达哥拉斯学派究竟是怎样创立 "纯数学" 的? 他们所创立的 "纯数学" 具有怎样的形态呢?

毕达哥拉斯学派的数学研究带有浓厚的哲学背景, 他们发现, 有些完全不同的现象, 却具有一致的数学属性. 他们因此认为数学属性是自然现象的本质特征, 进而他们把数看作是宇宙的实质和形式, 是一切现象的根源. 这个带有宗教色彩的学术团体奉行的信条是 "万物皆数".

特别是, 他们把几何图形、工程测量与美学探索等问题都归结为数的形式, 这些特殊类型的数有:

○ "形作数" 之图形数;

○ "量作数" 之勾股数;

○ "美作数" 之黄金数.

本书将着重剖析这些数的内涵与实质, 希望透过这些数欣赏古希腊数学的精彩.

一、"形作数"之图形数

也许人们不会相信, 千古流传的所谓 "三角形数" 是玩出来的. 古希腊人通过摆弄小石子 "玩" 出了一系列图形数.

艺术家爱美. 画家迷恋山水的形象美, 泰山的雄伟, 华山的险峻, 黄河的蜿蜒, 长江的浩瀚 ……

数学家也爱美. 古希腊人特别注重数字的形象美. 毕达哥拉斯学派在海滩上用小石子排列成各种美丽的图形. 他们用一些规则的图形表达某一类数字, 例如所谓**三角形数** (图 1) 和所谓**正方形数** (图 2).

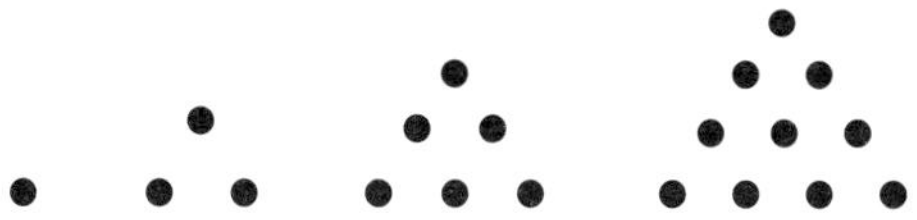

三角形数 a_n	1	3	6	10
序数 n	1	2	3	4

图 1

数学史上明确指出, 古希腊人已经知道

$$a_n = \frac{n(n+1)}{2}, \quad b_n = n^2.$$

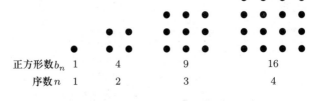

正方形数 b_n	1	4	9	16
序数 n	1	2	3	4

图 2

　　古希腊人是怎样推导出这些算式的?

　　三角形数和正方形数是两种特殊的图形数. 所谓图形数, 就是借助于几何图形来表征刻画数的某些属性.

　　很明显, 毕达哥拉斯学派研究的数, 已经不是具体的多少匹马, 或是多少头牛; 他们所研究的几何图形, 也不是具体的一块麦地, 一片苗圃 …… 毕达哥拉斯的 "纯数学", 把现实事物和实际图形, 通过思维的抽象升华为数学中的数和形, 这是数学思维的重大的飞跃.

　　这样, 纯数学这门学科诞生了. 由于数和形被抽象成数学的概念, 人们可以致力于探索这些概念的内在规律, 从而更广泛地探讨客观世界的数量关系和空间形式. 毕达哥拉斯学派赋予数学真理以最抽象的形式和性质, 这是古希腊文明对人类数学发展最伟大的贡献之一.

(一) 雾里看花图形数

　　在数学史上关于毕达哥拉斯三角形数留下了诸

多疑惑.

疑惑之一. 众所周知, 三角形是由首尾衔接的三条线段生成的几何图形, 怎么允许在三角形数的内部布点呢? 比如, 图 3 中欧几里得三角形每边 4 个点子, 共有 9 个点子, 为什么毕达哥拉斯三角形数 $a_4 = 10$ 呢?

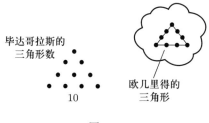

图 3

这个问题的症结在于, 在古希腊时代, 关于几何图形的概念是变动过的.

我们知道, 数学起源于人类的生产实践与社会生活. 在古埃及, 尼罗河水周期性泛滥. 当河水退去后, 田野上原有的标记荡然无存, 人们需要重新丈量土地, 这样, 几何学便应运而生了.

原来, 早期几何图形注重区域的面积, 毕达哥拉斯学派也持有这种观点. 关于三角形数的这种认识, 还可以用正方形数作为佐证. 第 n 个正方形数为 n^2, 它正是指第 n 个正方形的面积.

一百多年后, 欧几里得为了构建公理化体系, 才将多边形定义为若干直线段首尾连接生成的图形, 正如人们所熟悉的那样.

(二) 牵强附会高斯法

关于三角形数的另一个疑惑是, 在两千五百年前, 毕达哥拉斯学派是怎样推导出三角形数的计算公式

$$1 + 2 + 3 + 4 + \cdots + n = \frac{n(n+1)}{2}$$

的?

关于这个问题, 数学史上大数学家高斯 (Gauss, 1777—1855) (图 4) 幼年时的一个小故事广为流传.

高斯

图 4

一次, 小学老师在课堂上出了一道试题:

$$1 + 2 + 3 + 4 + \cdots + 100 = ?$$

即要求小学生们计算前 100 个自然数之和. 正当其他同学忙于逐项累加而算得晕头转向时, 十岁的小高斯却很快交上了试卷, 并给出了正确的答案 5050.

小高斯究竟是怎样算的, 数学史上并没有明确交待. 后人猜测了如下的所谓 "高斯算法": 将算式 $1+2+3+\cdots+n$ 倒转过来, 两式相加得

$$
\begin{array}{ccccccc}
1 & + & 2 & +\cdots+ & n-1 & + & n \\
n & + & n-1 & +\cdots+ & 2 & + & 1 \\
\hline
(n+1) & + & (n+1) & +\cdots+ & (n+1) & + & (n+1)
\end{array},
$$

注意到每一项上下两数之和全为 $n+1$, 共 n 项, 因之有

$$2a_n = (n+1)n,$$

故有

$$a_n = \frac{(n+1)n}{2}.$$

这就导出了三角形数的计算公式.

这种推导过程在逻辑上是正确的, 但它不一定符合历史事实. 早于高斯两千年的古希腊人, 他们怎么可能掌握这种算式加工技术呢?

也许有人会问: 推导三角形数的计算公式, 除了高斯算法以外, 难道还会有其他的捷径吗?

(三) 直觉之花结硕果

三角形数本质上是面积, 这一理解将三角形数与正方形数紧密联系在一起. 这样, 三角形数的计算就变得简单了.

为了便于刻画区域面积这一特征, 不妨将三角形表示为阶梯式的等腰直角三角形, 即考察如下图形序列 (图 5):

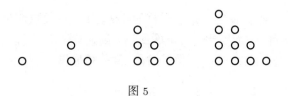

图 5

随意考察一个正方形数, 按对角线对半剖开将它分裂为两个三角形, 两个直角三角形的弦线重合于正方形的对角线, 如图 6 所示.

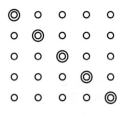

图 6

据此立即得知,

两个三角形数 = 正方形数 + 对角线点数.

将图 6 视为 n 行 n 列的正方形, 即有

$$2a_n = n^2 + n,$$

故

$$a_n = \frac{n(n+1)}{2}.$$

这样, 不需要任何公式推演, 直接对半剖开正方形数立即得到三角形数, 方法之简单易如反掌.

建立计算公式的这类方法可称为**几何布点法**.

如前例所示, 这类方法本质上是将代数问题转化为几何问题来解决, 其具体做法是: 依据所考察的代数问题建立点阵一类几何模型, 然后依据点阵间的几何关系直接列出代数算式.

再举几个例子.

例 1 如图 7, 用一斜线分割一正方形点阵, 其左右两侧为相继的两个三角形, 知有恒等式

$$\frac{(n+1)n}{2} + \frac{n(n-1)}{2} = n^2.$$

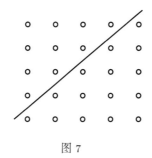

图 7

例 2 如图 8, 用 L 型折线从一正方形中分割出低一阶的正方形, 知有恒等式

$$n^2 - (n-1)^2 = 2n - 1.$$

例 3 如图 9, 用一系列 L 型折线将正方形分割成若干层, 知有恒等式

$$1 + 3 + 5 + \cdots + (2n - 1) = n^2.$$

这些成果都是直觉的产物.

数学推理需要逻辑, 这是人们的共识, 但是不能忘记, 直觉往往比逻辑更有效. 毕达哥拉斯的纯数学正是从直觉起步的.

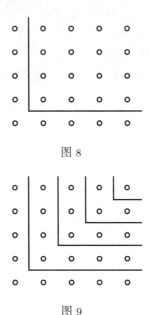

图 8

图 9

(四)　形数一体生直觉

再强调一遍, 所谓图形数, 只是设计一个图形来直观地刻画数的内在结构, 至于图形的外观往往是无关紧要的.

譬如, 为要刻画三角形数

$$a_n = 1 + 2 + 3 + \cdots + n,$$

只要绘制一个 n 层的三角形点阵: 三角形的具体形状可以是随意的, 从顶点开始布置 n 层大致平行的点列, 点数随层数逐步加 1, 即由顶层的 1 点到底层的 n 点, 如图 10 所示.

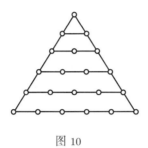

图 10

设将两个三角形数拼合在一起, 令两者的边界点 (包括顶点) 相重合, 即可生成一个四边形数, 如图 11 所示.

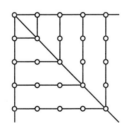

图 11

四边形数亦可表达为如下形式 (图 12):

从而据三角形数的计算公式立即导出四边形数的计算公式

四边形数 = 2 × 三角形数 − 对角线点数.

设每个三角形数为 n 层, 则称所生成的四边形为 n 层, 这时四边形数

$$b_n = 2 \times \frac{n(n+1)}{2} - n = n^2.$$

这样求出的四边形数正是前述正方形数 b_n.

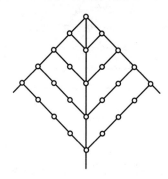

图 12

这一事实是显然的.

利用三角形数计算四边形数, 这种做法可以继续下去, 进一步求出五边形数、六边形数, 等等. 图 13 用 4 个三角形数拼合而成六边形数, 其轮廓线呈六边形.

一般地, k 边形数由如图 13 所示的 $k-2$ 个三角形数拼合而成: 它们共用一个顶点, 各个三角形数均为 n 层, 相邻的两个三角形数的一列边界点相重合. 注意到 k 边形数内含 $k-2$ 个三角形数, 其内部有 $k-3$ 列公共边界点, 故有

k 边形数 $=(k-2)$ 三角形数 $-(k-3)$ 列公共边界点

$$= (k-2) \times \frac{n(n+1)}{2} - (k-3)n$$

$$= (k-2)\left[\frac{n(n+1)}{2} - n\right] + n$$

$$= (k-2)\frac{n(n-1)}{2} + n.$$

作为特例, 据此可求出

$$五边形数 = \frac{3n^2 - n}{2},$$
$$六边形数 = 2n^2 - n.$$

据数学史记载, 古希腊人通晓这些多边形数.

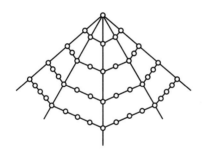

图 13

有趣的是, 在数学史上, 关于三角形数的研究持续了两千多年, 后期工作有:

高斯 1796 年证明了 "每个自然数均可表示为三个三角形数之和". 他因这一发现而激动不已.

1815 年, 法国大数学家柯西 (Cauchy, 1789—1857) 更进一步证明了 "每个自然数均可表示为 k 个 k 边形数之和".

众所周知, 数学的研究对象包含数和形两个方面, 即事物的空间形式与数量关系. 数和形二者是对立的统一.

古希腊人特别注重数字的形象美, 他们把几何图形捆绑在数上, 创造了一系列形象鲜明的图形数, 如三角形数、正方形数等, 这种兴趣促进了几何学的繁荣.

相比于几何学, 古希腊的算术学与代数学是不发达的. 譬如记数系统, 古希腊人虽然使用了十进制, 但他们迟迟不懂位值制, 因而记数时需要借助于许多字母, 致使实际使用很不方便.

此外, 尽管欧几里得在几何学中建立了一套庞大的、完善的公理化体系, 但在代数学中没有提供公理化的逻辑体系. 这个问题一直滞留到中世纪才进一步得到数学界的重视.

(五) 数列衍生三角阵

按一定规则排列的一列数 $a_1, a_2, \cdots, a_n, \cdots$ 称**数列**, 简记之为 $\{a_n\}$. 数列 $\{a_n\}$ 中第 1 项 a_1 称**首项**, 第 n 项 a_n 称**通项**. 相邻两项的偏差 $a_n - a_{n-1}$ 称**增量**.

我们前面考察的三角形数 $a_n = \dfrac{n(n+1)}{2}$ 其实构成一个数列, 其序数 n 是自然数. 无论是自然数列还是三角形数列, 其首项均为数 1. 数 1 是人类最先抽象出来的, 称**原生数**. 这样, 在前面的讨论中, 其实已经碰到三个简单数列:

原生数列　　　　$1, 1, 1, 1, 1, \cdots$,

自然数列　　　　$1, 2, 3, 4, 5, \cdots$,

三角形数列　　　$1, 3, 6, 10, 15, \cdots$,

这三个简单数列之间存在怎样的联系呢?

先看三角形数列, 其通项 a_n 是自然数列前 n 项之和: $a_n = 1 + 2 + 3 + \cdots + n$, 因之, 三角形数列的增量 $a_n - a_{n-1} = n$ 是自然数列的通项 n.

不言而喻, 自然数列的增量自然是原生数列的通项.

定义两个数列之间的 "辈份" 关系, 如果乙数列的增量是甲数列的通项, 就称乙数列是甲数列的**子数列**, 亦称甲数列为乙数列的**父数列**.

按照这个定义, 自然数列是原生数列的子数列, 而三角形数列则是自然数列的子数列, 即原生数列、自然数列与三角形数列是 "爷孙三代".

为标记它们 "辈份" 上的差异, 分别标记原生数列、自然数列与三角形数列为 0 阶、1 阶和 2 阶数列. 阶数越小说明辈份越高. 这种阶数的差异用于刻画数列的生成机制. 具体地说, 每个 k 阶数列的增量是 $k - 1$ 阶数列的通项, 譬如

0阶　　　$1 \longrightarrow 1 \longrightarrow 1 \longrightarrow 1 \longrightarrow 1 \longrightarrow \cdots$,

1阶　　　$1 \xrightarrow{+1} 2 \xrightarrow{+1} 3 \xrightarrow{+1} 4 \xrightarrow{+1} 5 \longrightarrow \cdots$,

2阶　　　$1 \xrightarrow{+2} 3 \xrightarrow{+3} 6 \xrightarrow{+4} 10 \xrightarrow{+5} 15 \longrightarrow \cdots$.

这种简单的演化机制可以反复地运行下去. 进一步以三角形数作为增量可演化生成 3 阶数列, 进

而有 4 阶、5 阶数列, 等等.

3阶 $1 \xrightarrow{+3} 4 \xrightarrow{+6} 10 \xrightarrow{+10} 20 \xrightarrow{+15} 35 \longrightarrow \cdots,$

4阶 $1 \xrightarrow{+4} 5 \xrightarrow{+10} 15 \xrightarrow{+20} 35 \xrightarrow{+35} 70 \longrightarrow \cdots,$

5阶 $1 \xrightarrow{+5} 6 \xrightarrow{+15} 21 \xrightarrow{+35} 56 \xrightarrow{+70} 126 \longrightarrow \cdots.$

  总之, 上述计算过程是简单的: 子数列每一步的增量就是其父数列的通项, 即计算格式可表达为

读作 "$a + b$ 生成 c", 则上述演化过程可用图 14 表述为

1		1		1		1		1	
1		2		3		4		5	$\cdots$
1		3		6		10		15	$\cdots$
1		4		10		20		35	$\cdots$
1		5		15		35		70	$\cdots$
1		6		21		56		126	$\cdots$

图 14

  再强调一遍, 这张数表的运算手续是累加, 即将斜线两头的数字加在一起, 置于右侧的下方. 如果将上述数表沿斜线重新排列, 即可获得如下形式 (图 15) 的三角形数表:

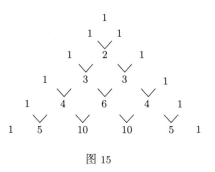

图 15

这个三角形数表有很强的规律性, 其显著特征有三:

1. 它的每一行首尾两个数字全为 1.

2. 它的每一行数字左右对称.

3. 表内每个数等于左肩与右肩两数之和, 即其计算格式为

这个三角形数表称为**杨辉三角**. 我国南宋数学家杨辉 (13 世纪) 在其所著《详解九章算法》(1261 年) 一书中刊载了这张数表. 杨辉在书中还提到, 在他之前, 北宋数学家贾宪 (11 世纪) 也用过这种数表.

西方数学家称这个数表为帕斯卡三角. 法国人帕斯卡 (Pascal, 1623—1662) 于 1654 年发现了这个三角形数表, 然而他的工作比中国人晚了五六百年.

(六) 一画开天万数生

俗话说万事开头难. 古人在抽象出 "数" 的万里征途中, 最关键的一个环节是抽象出数字 "1". 数字 1 的出现是数学学科开天辟地的重大事件. 正因为有了数字 1, 才有可能抽象出数和形的其他概念, 因此特别地称 1 为**原生数**.

累加手续是人类的本能. 多个数 1 累加生成整数:

$$\overbrace{1+1+1+\cdots+1}^{n \text{ 个}} = n.$$

显然, 整数是多个数 1 累加结果的缩记. 缩记是数学方法的一项基本技术, 这项技术显示了一个基本信条: "数学追求简单".

从原生数 1 开始, 反复累加 1, 结果生成自然数列

$$1, \quad 1+1=2, \quad 2+1=3, \quad 3+1=4, \quad \cdots.$$

再换一种做法, 从原生数 1 开始反复累加, 如果取序数作为增量, 结果生成三角形数列

$$1, \quad 1+2=3, \quad 3+3=6, \quad 6+4=10, \quad \cdots.$$

数列不是孤立的一个数, 它刻画了一个过程. 从原生数 1 生成一系列整数, 再到自然数列和三角形数列, 直至三角阵, 数学跃上了一个个新的台阶. 这一跃变显示出又一个基本信条: "简单的重复生成复杂".

20 世纪以来, 科学技术迅猛发展, 尤其是计算机科学和信息科学蓬勃兴起, 科学正面临深刻的大变革. 顺应这一形势, 美国科学家 Stephen Wolfram 推出了洋洋一千多页的著作《一种新科学》(*A New Kind of Science*). 该书认为,"宇宙就是几行程序代码", 该书提出了一个科学原理: "简单的重复生成复杂". 这一原理被人们推崇为 "与牛顿发现的万有引力基本原理相媲美的科学金字塔".

看看数学史吧, 古希腊数学的图形数, 中华古代数学的杨辉三角, 众多数学瑰宝表现了这个科学原理.

二、"量作数" 之勾股数

人们所熟知的勾股定理, 西方人称之为**毕达哥拉斯定理**.

勾股定理表明, 直角三角形的三边, 即勾 a 股 b 与弦 c 之间存在简单的数量关系

$$勾方 + 股方 = 弦方, \quad a^2 + b^2 = c^2,$$

满足这一关系的三元数 (a, b, c) 称**勾股数**.

勾股定理被誉为数学第一大定理, 它是整个数学中使用最为频繁的一个定理, 在数学研究中发挥着举足轻重的作用. 它是许多数学分支的一根名副其实的 "定海神针".

在两千五百年前的古希腊, 毕达哥拉斯学派发现勾股定理后, 他们欣喜若狂, 认为这是 "神灵" 恩赐给他们的宝贵礼物, 就宰杀了一百头牛举行盛大的祭祀仪式, 感谢神灵的恩典.

其实最早发现勾股定理的并不是古希腊人. 考古发现, 早在四千年前, 古巴比伦人就已经熟知这个定理并用于数值计算.

在我国最早的一部数学典籍《周髀算经》中，记载有商高与周公的一次谈话. 商高向周公讲述了勾股定理. 周公是周朝的一位圣贤，距今已有三千多年了.

勾股定理自发现以来，现已收集到古今中外的几百种证法，其中包括古希腊的欧几里得证法 (简称欧氏证法)、毕达哥拉斯证法 (简称毕氏证法) 和所谓 "中国证法". 不同证法的风格迥然不同.

(一) 欧氏证法不自然

欧几里得在其名著《几何原本》中，运用相似关系证明了勾股定理.

考察图 16 所示 Rt△ACB，其中 $\angle ACB = 90°$，且 $CD \perp AB$. 这个图形，由于其中含有两个直角而被称为 "双垂形".

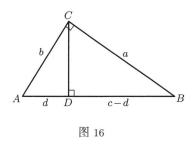

图 16

如图 16，记 $BC = a, AC = b, AB = c, AD = d$，注意到

$$\triangle ADC \backsim \triangle CDB \backsim \triangle ACB,$$

有比例关系

$$\frac{d}{b} = \frac{b}{c}, \quad 即有 \quad b^2 = cd,$$

$$\frac{c-d}{a} = \frac{a}{c}, \quad 即有 \quad a^2 = c^2 - cd.$$

从这两个式子中消去 cd 即得

$$a^2 + b^2 = c^2.$$

欧几里得的这种证法, 推导过程很简洁, 但生搬硬套很不自然, 思路不清晰. 在证明之前, 怎么会想到面积关系的勾股定理与刻画相似关系的双垂形存在有如此紧密的联系呢?

这种欧氏证法迷恋于逻辑而舍弃了直觉, 结果丢弃了启发性.

(二) 毕氏证法不简练

勾股定理的所谓毕达哥拉斯证法 (简称毕氏证法) 同样取材于欧几里得的《几何原本》.

如图 17, 四边形 $ABFE, AJKC, BCIH$ 分别是以 Rt$\triangle ABC$ 的三边为一边的正方形.

过点 C 作 AB 的垂线, 交 AB 于点 D, 交 FE 于点 G, 连接 HA, CF.

正方形 $BCIH$ 的面积 $= BH \cdot HI = 2\triangle ABH$ 的面积.

矩形 $BFGD$ 的面积 $= BF \cdot FG = 2\triangle FBC$ 的面积.

在 △ABH 和 △FBC 中,

$$\begin{cases} BH = BC, \\ \angle HBA = \angle CBF, \\ AB = FB, \end{cases}$$

所以 $\triangle ABH \cong \triangle FBC$.

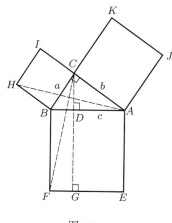

图 17

△ABH 的面积 = △FBC 的面积.

2△ABH 的面积 = 2△FBC 的面积,

即正方形 BCIH 的面积 = 矩形 BFGD 的面积.

同理, 正方形 AJKC 的面积 = 矩形 DGEA 的面积.

所以

正方形 ABFE 的面积 = 矩形 BFGD 的面积

+ 矩形 DGEA 的面积

= 正方形 BCIH 的面积

$$+ \text{正方形 } AJKC \text{ 的面积},$$

即
$$c^2 = a^2 + b^2.$$

这种所谓毕氏证法可行吗? 无疑它在逻辑上是正确的.

这种毕氏证法可信吗? 显然, 早于欧几里得两百年的毕达哥拉斯, 不可能被禁锢在欧几里得所营造的公理化体系中. 因此, 这种所谓 "毕氏证法" 不可能是毕达哥拉斯本人的原创.

上述毕氏证法图形复杂, 还需要添置几条辅助线, 证明过程难度大, 不易为初学几何的中学生所接受. 对于如此简练玄妙的大定理, 竟然匹配如此繁琐的证法, 真是 "鲜花插在牛粪上".

问题在于, 毕达哥拉斯学派究竟是怎样推导出勾股定理的, 对此数学史上一片空白.

(三) 特例分析找灵感

追根求源. 我们知道, 面积计算的单位是单位边长的正方形, 故长为 a、宽为 b 的矩形面积为 $a \times b$. 因此, 作为矩形之半, 勾为 a 股为 b 的勾股形面积为 $\frac{1}{2} a \times b$.

考察一个勾股相等的勾股形. 直接由图 18 可以看出, 这时, 以勾为边的正方形面积 "勾方", 和以股为边的正方形面积 "股方", 均等于 2 个勾股形的面积, 而以弦为边的正方形面积 "弦方", 等于 4 个勾股形的面积.

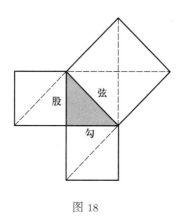

图 18

可见在等腰勾股形的特殊情况下, 勾股定理

$$勾方 + 股方 = 弦方$$

的成立是一目了然的.

我们从这里获得了灵感: 这一事实对于一般形式的勾股形全都成立吗?

我们顺着这个思路继续走下去.

(四) 中国证法树典范

考察一般的勾股形.

考虑到正方形的面积容易计算, 自然将所给的勾股形扩充为某个正方形. 为此, 只要延长勾与股, 即可生成一个正方形, 它将所给勾股形 (面积) 与以勾、股为边的正方形勾方、股方包裹在一起, 如图 19 所示.

所作出的包裹勾方与股方的大正方形称为**大方**. 据图显然

$$勾方 + 股方 = 大方 - 4 \text{ 个勾股形}.$$

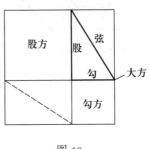

图 19

另一方面, 注意到大方的每一边等于勾与股之和, 交替地将大方的每一边分成勾与股两段, 并连接诸分点, 如图 20, 这样在大方内生成的图形是弦方:

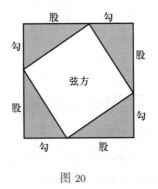

图 20

据图显然

$$弦方 = 大方 - 4 \text{ 个勾股形}.$$

比较图 19 与图 20, 立即得知

$$弦方 = 勾方 + 股方.$$

这就轻而易举地获得了勾股定理的证明.

这里提供的证法是我们智慧的先祖提出的, 故国外文献称之为 "中国证法".

中国证法简单到了极致.

现在进一步将中国证法代数化.

记勾股形的勾为 a、股为 b、弦为 c. 如图 21, 将以 $a+b$ 为边的大方分割成 4 块:

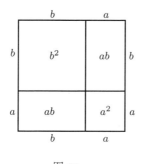

图 21

据图得知

$$(a+b)^2 = a^2 + b^2 + 2ab.$$

另一方面, 将大方按图 22 方式分割:
据图又有

$$(a+b)^2 = c^2 + 2ab.$$

综合上述两个结果即可断定勾股定理成立.

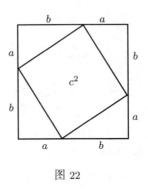

图 22

用字母代表数, 这是西方数学一个独特优势. 据传毕达哥拉斯学派曾经发明过以各种图形的相互关联为基础的 "原始代数". 我们不清楚什么是原始代数? 以上论证过程属于原始代数吗? 如果确实是原始代数, 那么, 毕达哥拉斯学派知道证明勾股定理的这条捷径吗?

我们希望了解的是, 两三千年以前, 中华文明和古希腊文明, 在证明勾股定理这一重大事件中, 它们已经走到一起了吗?

(五) 大禹治水执规矩

中国人从上古开始就特别讲规矩. 究竟什么是 "规矩" 呢? 其实, 规和矩是两种简单的测量工具. "规" 指圆规, 这是人们所熟知的. "矩" 是一种 "曲尺", 它是用两条直角边生成的, 如图 23. 作为曲尺的矩, 至今仍是木工们的必备工具.

传说规和矩是中华人文始祖伏羲、女娲创造的.

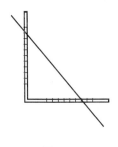

图 23

现今保存的一块西汉浮雕上，刻有伏羲手执矩、女娲手执规的图像.

为什么中国人这么重视规矩呢? 因为规和矩是必备的测量工具.

历史记载上古时期经常发生大洪水，对人类的生存造成极大威胁. 面对大洪水，西方人制造了"诺亚方舟"，乘船四散逃命. 但华夏民族则团结一心，他们跋山涉水，测量山川地貌，疏浚河道，把大水疏导到大海里去. 千百年来，大禹治水的故事在神州大地广为流传，尽人皆知. 司马迁写的《史记》中提到大禹"左准绳，右规矩"，是说他左手握着准绳，右手拿着规和矩，组织领导人民战胜了大洪水.

测量工具的矩是按照勾股原理制作和运用的. 如何在测量过程中运用勾股术，中华先民积累了丰富的经验，请参看中国数学史的有关资料，限于篇幅这里从略.

不过，值得附带指出的是，顺应测量的需要，勾股形的"自身"先要测量清楚. 除了勾股定理，勾股形还有一系列其他属性，比如，延长斜边中线将所给勾股形扩展成为矩形，由于矩形的两条对角线相等且相互平分，即可断定：

命题 勾股形的斜边中线等于斜边之半.

(六) 勾股形内藏神针

在形形色色的数量关系中，比例关系是最简单、最重要的一种.

比例关系源远流长.

远古先民在进行物物交换的长期实践中逐步悟出了比例关系：彼此交换的等价的物品可以扩大或者缩小一定的倍数，因此比例关系亦称**伸缩关系**. 伸缩的倍数称为**比率**.

比率关系很重要. 特别是，一些数学不变量采取比率的形式.

例如，不同的圆可能大小不同，但它们都有相同的圆周率 π. π 是圆的半周长与半径的比率，也是圆面积与半径平方的比率：

$$\text{圆周率 } \pi = \frac{\text{半周长}}{\text{半径}} = \frac{\text{圆面积}}{\text{半径}^2}.$$

表现为比率形式的圆周率是一个重要的数学常数. 它是三角学的一个 "顶梁柱".

其实，与圆周率共同撑起三角学的还有勾股定理. 勾股定理也具有比率形式吗？

回答是肯定的.

事实上, 对于勾 a 股 b 弦 c 的直角三角形, 据勾股定理

$$a^2 + b^2 = c^2,$$

两端同除以 c^2 即得

$$\left(\frac{a}{c}\right)^2 + \left(\frac{b}{c}\right)^2 = 1.$$

这就是说, 对于任意给定的直角三角形, 不管它具有怎样的形状, 不管勾股数 (a, b, c) 怎样选取, 其中都潜藏着一个数学常数, 而且这个数学常数竟是人们再熟悉不过的数字 "1", 即勾与股关于弦的比率的平方和恒等于 1:

$$\left(\frac{勾}{弦}\right)^2 + \left(\frac{股}{弦}\right)^2 = 1.$$

值得指出的是, 设勾股形内一锐角为 α, 则有

$$\sin\alpha = \frac{对边}{斜边}, \quad \cos\alpha = \frac{邻边}{斜边}.$$

因而勾股定理可表达为三角学的基本关系式

$$\sin^2\alpha + \cos^2\alpha = \frac{1}{斜边^2}(对边^2 + 邻边^2) = 1.$$

由此可见, 勾股定理是三角学中一枚 "定海神针".

三、"美作数"之黄金数

传说，有一次毕达哥拉斯经过一家铁匠铺时，被里面传出叮叮当当的铁锤敲击声所吸引. 声音是那样清脆悦耳而富于节奏. 他不由自主地走进了铁匠铺，长时间地认真观察和听辨，反复地比较和研究了铁锤的大小、质量和打击的轻重，并进行了计算. 令毕达哥拉斯欣喜若狂的是，他终于找到了美的原则 —— 黄金比.

(一) 美的原则黄金比

所谓**黄金比**是一种特殊的比例关系.

如图 24, 将一根长度为 1 的细棒划分为大段 $x\left(x > \dfrac{1}{2}\right)$ 与小段 $1-x$ 两部分, 称这种划分满足黄金比, 如果整段与大段之比等于大段与小段之比, 即

$$\frac{1}{x} = \frac{x}{1-x}.$$

成立. 据此列出方程

$$x^2 + x - 1 = 0,$$

解得 $x^* = \dfrac{-1 + \sqrt{5}}{2} = 0.618\cdots$, 称**黄金数** (也称**黄金分割率**), 大段与小段的分界点 P 称**黄金分割点**. 这种分割方式称**黄金分割**.

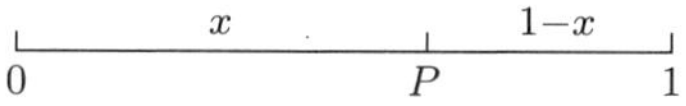

图 24

黄金分割一直影响着世界各地的建筑艺术. 无论是古埃及的金字塔, 还是古雅典的巴特农神庙, 无论是印度的泰姬陵, 还是今日的巴黎埃菲尔铁塔, 这些世人瞩目的建筑中都蕴含有黄金分割.

一些珍贵的名画佳作、艺术珍品中也处处体现了黄金分割. 这些作品的主题、音乐乐章的高潮往往都在黄金分割点处.

在人们所熟悉的几何图形中也潜藏着黄金分割率. 比如, 顶角为 36° 的等腰三角形, 其底角平分线与对边的交点是黄金分割点; 另外顶角为 108° 的等腰三角形, 其顶角的三等分线与底边的两个交点都是黄金分割点, 参看图 25.

毕达哥拉斯学派最爱正五边形. 如图 25, 连接正五边形不相邻顶点生成一个五角星. 不难看出, 这个图形内容纳多个黄金分割点.

毕达哥拉斯学派酷爱这种美的图像 —— 五角星, 他们选用五角星图案作为学派的徽记, 以表示对数学美的热爱与崇敬.

图 25

(二) 自然设计真奇妙

1820 年, 在希腊米洛斯岛的一个山洞里发现了一尊石像. 人们在兴奋之余又感到遗憾: 这是一尊缺失双臂的裸体女神像, 但找遍了米洛斯岛始终没有找到她的双臂. 这位女神的双臂会是怎样的姿态呢? 许多艺术家凭借自己的想象试图给她安装个 "假肢", 但都没有原来的美. 人们最终放弃了这种努力. 这个缺臂女神被人们称作维纳斯.

维纳斯真美! 她虽然是裸体, 却给人庄重典雅的感觉; 她虽然没有双臂, 人们总觉得她完美无瑕.

艺术家们研究发现, 维纳斯之所以这样美, 原因之一是她的身材包括缺臂的各部分比例匀称, 符合人体的黄金分割.

有些学者通过大量的实验, 总结出人体的黄金分割, 发现人体的一些主要穴位都吻合在人体结构的黄金分割点上. 比如, 头顶至足底的黄金分割点是肚脐, 肚脐是众多经络交合之处, 谓之 "神阙穴"; 又如, 肚脐至头顶的黄金分割点是咽喉, 咽喉要道生命攸关, 为 "天突穴"; 再如, 肚脐至膝盖的黄金分割点是生殖器, 生殖器是人类繁衍后代的要冲, 为 "会阴穴". 其他吻合黄金分割点的穴位还有 (图 26):

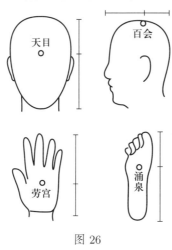

图 26

大概正是由于人体穴位吻合黄金分割率, 中国的针灸才会有如此神奇的医疗效应.

自然界的许多现象与数学理论竟然如此契合, 准确得令人诧异. 大自然的设计竟如此奇妙!

(三) 迭代计算黄金数

毕达哥拉斯学派宣扬 "万物皆数", 他们心目中的 "数" 是指整数以及作为整数相除的结果的分数. 传说这个学派的一个门徒在进行勾股计算时发现了数字 $\sqrt{2}$, 证明这个数不能表达为两个整数相除, 从而揭示出毕达哥拉斯学派的一个弊端. 这一发现在古希腊数学界掀起轩然大波，进而触发了数学史上第一次数学危机．

这种不能表达为两个整数相除的"特殊"的数后人称为**无理数**．黄金数就是一个无理数．

然而，古代中国早就发现并广泛应用了勾股定理，但并没有因无理数的存在而引起学术界的骚动，因为中国人讲究实际，寓理于算，碰到一种新的数，就在计算过程中去认识它、理解它、驾驭它，把握它的性态与运算法则．

再回到黄金数的计算．如图 27，若令 $AC = 1$，$BC = x(x < 1)$，则依黄金比

整段∶大段＝大段∶小段，有 $1 + x = \dfrac{1}{x}$，即 $x = \dfrac{1}{1+x}$．

这时同样有 $x^2 + x - 1 = 0$，因而这样求出的 x 同样是黄金数．

图 27

这样建立的计算模型

$$x = \frac{1}{1+x}$$

本质上是隐式的，但如果提供一个**猜测值** x_0，代入其右端，即可将它转化为显式的计算公式，而求得**改进值** x_1：

$$x_1 = \frac{1}{1+x_0}.$$

38

这种从猜测值 x_0 到改进值 x_1 的计算过程称作**迭代**. 反复施行这种猜测 — 改进 — 再猜测 — 再改进的迭代, 即可获得一系列近似值 $x_1, x_2, x_3, \cdots$. 每做一步, 检查相邻两个近似值的**偏差** $|x_k - x_{k-1}|$, 直到偏差足够小时终止迭代, 取最终获得的近似值作为所求结果.

譬如, 设取初值 $x_0 = 0.5$, 用上述迭代法反复计算 (结果保留三位有效数字), 求得

$$x_1 = 0.667, \ x_2 = 0.600, \ x_3 = 0.625, \ x_4 = 0.615,$$
$$x_5 = 0.619, \ x_6 = 0.618, \ x_7 = 0.618.$$

据此得知, 黄金数 $x = 0.618 \cdots$.

(四) 黄金分割朦胧美

考察前述迭代公式 $x = \dfrac{1}{1+x}$, 反复用这个表达式替代右端的变元 x, 有

$$x = \cfrac{1}{1 + \left(\cfrac{1}{1+x} \right)}$$
$$= \cfrac{1}{1 + \left(\cfrac{1}{1 + \left(\cfrac{1}{1 + \left(\cfrac{1}{1+x} \right)} \right)} \right)}.$$

这种数学结构, 由于每个细节本质相同而被称为**自相似的**.

这个连分式的结构很特殊, 其特点可用 "一模一样/一个/一" 三个词汇来表达:

"一模一样" 是说它的每个细节本质上与整个算式相同, 即局部等于整体;

"一个" 是说整个表达式有无穷多层, 但仅仅含一个数字;

最后的 "一" 是说表达式内出现的惟一数字是最简单数字 "1".

总之, 黄金数是这样的特殊, 它用一个数刻画了深不可测的美的内涵.

不仅如此, 它的表达式具有局部等于整体的自相似结构.

而且, 无穷多层的连分式竟是由一个数 "1" 构成的.

一个导致第一次数学危机的复杂度很高的无理数, 竟是由一个简单得不能再简单的数字 1 重复无穷多次生成的, 你能够想象这种生成机制吗?

黄金分割的这种朦胧美, 只能 "悠然心会, 妙处难与君说" (南宋 · 张孝祥语).

结语　千年数学"大圆圈"

(一)

古希腊人深信, 自然界是依照数学方式设计和安排的, 数学是探索宇宙奥秘的钥匙.

大约在公元前 5 世纪, 古希腊的毕达哥拉斯学派, 这个带有宗教色彩的学术组织, 扯起了"万物皆数"的大旗, 他们宣扬抽象的数是一切自然现象的根源和真谛. 他们把人们对鬼神的膜拜替换成对数的崇拜. 尽管从哲学上讲这种思想是唯心主义的, 但毕达哥拉斯学派创立了理性的"纯数学", 发现了一系列数的瑰宝: 刻画数的内在结构的图形数, 表征测量方法本质属性的勾股数, 以及作为美学精髓的黄金数, 等等.

毕达哥拉斯学派将数和形的概念抽象化、理性化, 这是对人类文明的重大贡献. 然而他们的研究方法主要基于直觉和经验, 其研究成果是零碎而不系统的.

古希腊人追求真理. 他们觉得只有用无可非议的演绎推理方法才能获得真理. 他们坚持演绎证明,

这也是了不起的一步. 特别是, 欧几里得推出鸿篇巨著《几何原本》, 基于明晰的数学定义, 用几个简单的、不证自明的所谓公理, 运用演绎推理方法, 由简到繁地、有条不紊地证明了 465 个几何定理, 从而建立了几何学的所谓公理化系统.

这种公理化方法, 两千多年以来对科学技术的发展产生了不可估量的重大影响. 在世界科学史上, 欧几里得的《几何原本》被推崇为"古代科学的一座高峰".

欧几里得的几何学纯粹是图形的科学, 它将形与数割裂开来, 因而破坏了数学学科的完整性, 限制了数学的发展壮大.

直到后来的亚历山大里亚时期, 数和形才重新整合在一起. 在数形结合方面取得重大成就的代表人物是阿基米德. 阿基米德的"穷竭法"融汇了古希腊人的大智慧. 阿基米德被尊崇为"古代数学之神".

公元前 212 年的一天, 罗马士兵闯进了阿基米德家中, 阿基米德正伏在地上绘制一张几何图形, 他喝令罗马士兵不要踩坏他的图形, 罗马士兵残忍地杀害了他.

阿基米德的死亡标志着一个时代的结束. 古希腊数学犹如日落西山, 从此一蹶不振, 最终沉没在欧洲"黑暗的中世纪"之中.

(二)

每当谈及古希腊数学, 人们的评判大多集中在欧几里得的公理化体系上.

欧几里得的生平几乎无从考证, 但有些小故事却广为流传.

据说有位国王想学点几何, 问是否有捷径可走. 欧几里得讥讽地回答: "陛下, 几何学没有专为王者开辟的道路."

言外之意是, 几何学是门高深的学问, "几何难学" 是天经地义的.

还有一件事. 据说有个学生问欧几里得学几何有什么用处, 欧几里得随即给了他一个硬币, 叫他去学能赚钱的学问.

言外之意是, 几何学是门高尚的艺术, 学习几何是不应考虑实际应用的.

任何事物都有两重性. 物极必反. 事物走向极端, 就会走向它的反面.

古希腊数学的源头是直觉的思辩和经验的总结. 这就是说, 逻辑是在直觉的基础上发展起来的, 而数学的根本目的在于实际应用. 反之, 如果脱离直觉和实际应用, 纯粹的逻辑推理方法可能产生灾难性的后果.

克莱因的名著《古今数学思想》内容丰富, 全面地论述了近代数学众多分支的历史发展, 然而令人预想不到的是, 在这部四大卷数学史的末尾, 克莱因竟发出了 "数学走了个大圆圈" 的感叹. 他在后继的一部著作《数学: 确定性的丧失》中, 又一次重复了这样的论点:

"数学走了一个大圆圈. 这门学科从直觉和经验

的基础上开始发展，后来，证明成了希腊人的目标，直到 19 世纪，才又幸运地回到出发点．这似乎晚了点，但是追求极端严密性的努力却突然把数学引入了死胡同，就像一只狗追逐自己的尾巴一样，逻辑打败了它自己．"

出路在哪里？克莱因开列了两剂"药方"，一是加强直觉，二是注重实践．他的某些言辞是刻薄的：

"直觉的信念胜过逻辑，就像太阳的灿烂光芒胜过月亮的淡淡清辉一样．"

"数学家被'鬼才'欧几里得误导了．"

"什么叫严格？对此本来就没有严格的定义．"

本书前文介绍了勾股定理的"中国证法"．我们看到，中国证法思路清晰、逻辑简单，远比欧几里得证法优越．但欧几里得的公理化体系容纳不了中国证法，因为欧几里得坚持命题的陈述必须建立在演绎推理的基础上，这就从根本上排除了任何割补、拼凑一类的证明方法．

欧几里得的公理化体系必须改革．然而历经千年"修炼"形成的这件"无缝的天衣"，虽然已是千疮百孔，却依然渗透在教学体系中．改革该如何着手呢？

(三)

事实上，虽然西方数学千年发展走了一个大圆圈，但东方的中华数学却像浩瀚的长江黄河，尽管也有蜿蜒曲折，但总的趋势始终是"一江春水向东流"，坚持了正确的方向．

中华数学同以古希腊数学为代表的西方数学走的是截然不同的路线. 中国古代不少数学家早就认识到建立理论体系的重要性, 深知数学的真理性是需要论证的. 不过与古希腊数学不同, 中华数学的基础不是一些"人造"的公理, 而是几个通过长期实践总结出来的所谓"原理", 例如处理面积问题的出入相补原理等. 通过出入相补原理对图形采用分、合、移、补等直观的加工处理, 轻易绕过欧氏几何繁琐的平行理论, 并且不涉及角的度量, 使论证过程简洁明了、一气呵成.

中华数学基于这些极少数原理, 通过图形直觉与逻辑规则的交互作用, 推导出一系列具有实用价值、被称为"术"的算法设计技术:

$$原理 \xrightarrow{\text{形数互动}} 术$$

类比西方数学的公理化体系

$$公理 \xrightarrow{\text{逻辑演绎}} 命题$$

中华数学的理论体系可称为"原理化体系".

公元 3 世纪的魏晋时期数学家刘徽是创建中华数学原理化体系的奠基人. 前述勾股定理的"中国证法"实质上应命名为"刘徽证法". 依据现存史料可以雄辩地证明, 刘徽在计算圆周率方面所取得的学术成就, 是被誉为"古代数学之神"的阿基米德所望尘莫及的.

刘徽无愧是"东方数学之神".

参 考 文 献

[1]   M. 克莱因. 古今数学思想 (第 1 册). 张理京, 张锦炎, 译. 上海: 上海科学技术出版社, 1979.

[2]   M. 克莱因. 数学: 确定性的丧失. 李宏魁, 译. 长沙: 湖南科学技术出版社, 1997.

[3]   Eli Maor. 勾股定理: 悠悠 4000 年的故事. 冯速, 译. 北京: 人民邮电出版社, 2010.

[4]   王能超. 千古绝技 "割圆术" —— 刘徽的大智慧. 2 版. 武汉: 华中科技大学出版社, 2003.

郑重声明

读者意见反馈

为收集对教材的意见建议，进一步完善教材编写并做好服务工作，读者可将对本教材的意见建议通过如下渠道反馈至我社。

咨询电话　　400-810-0598
反馈邮箱　　hepsci@pub.hep.cn
通信地址　　北京市朝阳区惠新东街4号富盛大厦1座
　　　　　　高等教育出版社理科事业部
邮政编码　　100029